TRAITÉ SOMMAIRE DES COQUILLES, TANT FLUVIATILES QUE TERRESTRES, QUI SE TROUVENT AUX ENVIRONS DE PARIS.

PAR M. GEOFFROY, Docteur, Régent de la Faculté de Médecine.

A PARIS,
Chez J. B. GUIL. MUSIER fils, Libraire,
Quai des Augustins, à S. Etienne.

M. DCC. LXVII.
Avec Approbation, & Privilége du Roi.

AVIS DE L'AUTEUR.

APRÈS avoir publié il y a quelques années l'Hiſtoire des Inſectes des environs de Paris, mon projet étoit de continuer le même travail ſur les Vers, & de donner au Public l'Hiſtoire de ces Animaux. La claſſe des Vers ſe rapproche de celle des Inſectes, & devient d'autant plus intéreſſante qu'elle eſt peut-être la moins connue juſqu'ici. J'avois déja recueilli à ce ſujet pluſieurs obſervations qui paroiſſoient curieuſes; j'eſpérois les augmenter, rectifier celles qui étoient défectueuſes, réitérer l'examen de quelques autres que je ne regardois pas comme sûres & bien démontrées, & donner, ſinon un Corps complet, au moins un Eſſai de l'Hiſtoire des Vers. Mais plus j'ai fait de recherches, plus les difficultés ſe ſont accrues. Chaque genre de Vers, & j'oſe preſque dire, chaque eſpece, offre un objet tout à fait neuf, qui demande à lui ſeul preſque autant de travail que les claſſes entieres des grands Animaux. A peine connoît-on la plupart des Vers. Ceux mêmes que nous portons & qui vivent dans le corps de l'Homme ne ſont pas encore parfaitement connus des Naturaliſtes. Le teſte du Tænia & ſa configuration forment un problême en fait d'Hiſtoire Naturelle ; & malgré les belles & intéreſſantes découvertes de l'illuſtre M. Tremblay, on ne connoît preſque point les Polypes, ces eſpeces de Vers ſi ſinguliers, & qui tiennent ſi peu de la nature des Animaux. L'on eſt incertain ſi chaque Polype eſt un ſeul animal, ou un ſimple fourreau qui renferme une famille entiere de Polypes. Quoique ces difficultés fussent bien capables de m'arrêter, j'aurois cependant tâché de remplir au moins en partie mon dessein, si des occupations plus sérieuses & plus intéressantes ne m'en eussent détourné. Dans l'impossibilité de suivre ce travail, j'ai cru devoir laisser à des Naturalistes qui auroient plus de loisir, le soin de remplir un projet qui me devient impraticable, & qui est une partie des plus difficiles de l'Histoire des Animaux. Je me suis contenté de mettre en ordre ce que j'avois observé au sujet des Coquillages. Cette famille la plus nombreuse de la classe des Vers, n'est pas la moins intéressante. Elle offre beaucoup de singularités qui ne se voyent point dans les autres classes d'Animaux. D'ailleurs elle n'étoit point rangée ſous un ordre aſſez méthodique pour en faciliter la connoiſſance. J'ai donc penſé pouvoir haſarder de publier ce petit Traité des Coquillages qui ſe trouvent aux environs de Paris. Si par la ſuite quelque Naturaliſte veut augmenter ce commencement d'obſervations, au ſujet des Coquilles, & y joindre l'Hiſtoire des autres Animaux que renferme la claſſe des Vers, ce ſera un ſervice important qu'il rendra aux Amateurs de l'Hiſtoire Naturelle.

EXPLICATION.

Des Noms abrégés des Auteurs cités dans ce Traité.

Act. Upſ 1736. Linnæi Animalia Sueciæ, in Actibus Upſalienſibus anni 1736. *in* 4°.

Adanſon, Seneg Hiſtoire Naturelle du Sénégal, par M. Adanſon. *Paris*, 1757. *in*-4°. *fig.*

Aldrov. Exſang. Ulyſſis Aldrovandi libri IV. de Exſanguibus. *Bonon.* 1642 *in fol. fig.*

Argenville Conchyl. L'Hiſtoire Naturelle éclaircie dans une de ſes parties; la Conchyliologie, premiere partie; la Zoomorphoſe, ſeconde partie, par d'Argenville. *Paris*, 1757. *in fol. fig.*

Bonan. Recreat. Bonani Recreatio mentis & oculi. *Romæ*, 1684. *in*-4°.

Columna. Purpur. Fabii Columnæ Lyncæi Opuſculum de Purpura. *Kiliæ*, 1675. *in*-4°. *fig.*

Dale Pharmac. Samuelis Dalei Pharmacologia. *Lugd. Bat.* 1739.

Friſch. Inſ. Joanh Leonard Friſch. Beſchreibeng von Insecten in Teutschland. *Berlin*, 1720. *in*-4°. *fig.*

Gesner, *Aquat.* Conradi Gesneri Historia Animalium, de Piscibus & Aquatilibus. *Francofurt.* 1620. *in fol.*

It. Œland. Itinerarium Œlandicum, ou Voyage de Scanie, par M. Linnæus. *Stockholm*, 1750.

Klein Ostr. Jacobi Theodori Klein tentamen Methodi Ostracologicæ, sive Dispositio naturalis Cochlidum & Concharum in classes genera & species. *Lugd. Bat.* 1753. *in*-4°. *fig.*

Linn. Faun. Suec. Caroli Linnæi Fauna Suecica *Stocholmiæ*, 1746. *in*-8°. *fig.*

Linn. Syst. Nat. edit. 10. C. Linnæi Systema Naturæ, editio decima reformata. *Holmiæ*, 1758. *in*-8°. 2 *vol.*

List. Angl. Martini Lister Historia Animalium Angliæ. *Londini*, 1678. *in*-4°. *fig.*

List. Hist. M. Lister Historia Conchyliorum. *Londini*, 1685. *in fol.*

List. Exerc. Anat. M. Lister Exercitatio Anatomica de Cochleis. *Londini*, 1694. *in*-8°.

Merret Pin. Christ. Merret Pinax rerum

Naturalium Britannicarum. *Londini*, 1667. *in*-8°.

Petiv. Muſ. Jacobi Petiveri, Centuriæ Muſæi Petiveriani. *Londini*, 1695. *in*-8°.

Swammerd. Bibl. Nat. Joannis Swammerdam Biblia Naturæ. *Lugd. Bat.* 1738. *in-fol.*

Tulp. Obſerv. Nicolai Tulpii Obſervationes Medicæ. *Amſtel.* 1641. *in*-8°.

APPROBATION DE M. ADANSON,

Membre de l'Académie Roiale des Sciences de Paris, de la Société Roiale de Londres, Censeur Roial.

J'AI lu par ordre de Monseigneur le Vice-Chancelier, un manuscrit intitulé : *Traité sommaire des Coquilles des environs de Paris*, & je n'i ai rien trouvé qui puisse en empêcher l'impression. L'Auteur paroît i remplir son objet, qui est d'inspirer aux jeunes Gens du gout pour l'étude des Cokillajes, & de les inviter à augmenter par de nouveles recherches le nombre des quarante-six especes qu'il a reconu dans nos environs. Fait à Paris ce 12 Novembre 1766.

Signé, ADANSON.

PRIVILEGE DU ROI.

LOUIS, par la grace de Dieu, Roi de France & de Navarre : A nos amés & féaux Conseillers, les Gens tenant nos Cours de Parlement, Maîtres des Requêtes ordinaires de notre Hôtel, Grand-Conseil, Prévôt de Paris, Baillifs, Sénéchaux, leurs Lieutenans Civils, & autres nos Justiciers qu'il appartiendra : SALUT. Notre amé le Sieur *Geoffroi*, Nous a fait exposer qu'il desireroit faire imprimer & donner au Public un Ouvrage qui a pour titre : *Traité sommaire des Coquilles, tant fluviatiles que terrestres*, s'il Nous plaisoit lui accorder nos Lettres de Privileges pour ce nécessaires : A CES CAUSES, voulant favorablement traiter l'Exposant, Nous lui avons permis & permettons par ces Présentes de faire imprimer ledit Ouvrage autant de fois que bon lui semblera, de le faire vendre & débiter par-tout notre Royaume, pendant le tems de six années consécutives, à compter du jour de la date des Présentes. Faisons défenses à tous Imprimeurs, Libraires, & autres personnes de quelque qualité & condition qu'elles soient d'en introduire d'impression étrangere dans aucun lieu de notre obéissance, comme aussi d'imprimer, faire imprimer, vendre, faire vendre, débiter ni contrefaire ledit Ouvrage, ni d'en faire aucun extrait sous quelque prétexte que ce puisse être, sans la permission expresse & par écrit dudit Exposant, ou de ceux qui auront droit de lui, à peine de confiscation des Exemplaires contrefaits, de trois mille livres d'amende contre chacun des Contrevenants, dont un tiers à Nous, un tiers à l'Hôtel-Dieu de Paris, & l'autre tiers audit Exposant, ou à celui qui aura droit de lui, & de tous dépens, dommages & intérêts. A la charge que ces présentes seront enregistrées tout au long sur le Registre de la Communauté des Imprimeurs & Libraires de Paris, dans trois mois de la date d'icelles : que l'impression dudit Ouvrage sera faite dans notre Royaume & non ailleurs, en bon papier & beaux caracteres, conformément aux Réglemens de la Librairie, & notamment à celui du 10 Avril 1725, à peine de déchéance du présent Privilége, qu'avant de l'exposer en vente le manuscrit qui aura servi de copie à l'impression dudit Ouvrage sera remis dans le même état où l'Approbation aura été donnée, ès mains de notre très cher & féal Chevalier Chancelier de France ; le Sieur de LAMOIGNON, & qu'il en sera ensuite remis deux Exemplaires dans notre Bibliotheque publique, un dans celle de notre Château du Louvre, & un dans celle dudit Sieur

LAMOIGNON, & un dans celle de notre très cher & féal Chevalier Vice-Chancelier & Garde des Sceaux de France, le Sieur de MEAUPOU, le tout à peine de nullité des Présentes. Du contenu desquelles Vous mandons & enjoignons de faire jouir ledit Exposant & ses ayans causes, pleinement & paisiblement, sans souffrir qu'il leur soit fait aucun trouble ou empêchement. Voulons qu'à la copie des Présentes, qui sera imprimée tout au long au commencement ou à la fin dudit Ouvrage, soit tenue ponr duement signifiée, & qu'aux copies collationnées par l'un de nos amées & féaux Conseillers Secrétaires, foi soit ajoutée comme à l'original. Commandons au premier notre Huissier ou Sergent sur ce requis, de faire pour l'exécution d'icelles tous actes requis & nécessaires, sans demander autre permission, & nonobstant clameur de Haro, Charte Normande, & Lettres à ce contraires. CAR tel est notre plaisir. DONNÉ à Versailles, le trente-unieme jour du mois de Décembre, l'an de grace mil sept cent soixante-six, & de notre Regne le cinquante-deuxieme. Par le Roi en son Conseil.

Signé, LEBEGUE.

Registré sur le Registre XVII. de la Chambre Royale & Syndicale des Libraires & Imprimeurs de Paris, n°. 1288, *fol.* 81. *conformément au Réglement de* 1723, *qui fait défenses, article* 41, *à toutes personnes de quelques qualités & conditions qu'elles soient autres que les Libraires & Imprimeurs, de vendre, débiter, faire afficher aucuns Livres pour les vendre en leurs noms, soit qu'ils s'en disent les auteurs ou autrement, & à la charge de fournir à la susdite Chambre neuf exemplaires prescrits par l'article* 108 *du même Réglement. A Paris ce* 10 *Janvier* 1767.

GANEAU, *Syndic.*

TRAITÉ

TRAITÉ SOMMAIRE DES COQUILLES,

tant fluviatiles que terrestres, QUI SE TROUVENT AUX ENVIRONS DE PARIS.

INTRODUCTION.

Tout le monde connoît sous le nom de Coquilles, ces especes de demeures dures, &

comme pierreuſes, qui renferment des animaux mous, ſans os ni arrêtes & ſans articulations ſenſibles, que les Naturaliſtes ont rangés dans la claſſe des Vers. Ces Coquilles ne ſont pas toutes de la même forme. Les unes ne ſont compoſées que d'une ſeule piece, qui ſouvent eſt roulée en forme de ſpirale; on les appelle *Univalves*. D'autres ſont compoſées de deux pieces, ou eſpeces de battans qui ſe joignent l'un contre l'autre, & renferment l'animal dans leur cavité; ce ſont les *Bivalves*. Enfin, il y en a qui ſont compoſées d'un plus grand nombre de pieces, & auxquelles on a donné le nom de *Multivalves*. Toutes les eſpeces de Coquilles ſont renfermées ſous ces trois diviſions. Quelques Naturaliſtes en ont cependant ajouté une quatrieme; c'eſt celle des *Operculées*.

Ces Coquilles ont été ainſi appellées, parceque leur ouverture eſt fermée par une petite plaque ſur laquelle paroiſſent des ſpirales, & qui eſt tantôt de la nature de la Corne, tantôt de la même ſubſtance que la Coquille. Comme cette plaque a reçu le nom d'Opercule, on a donné aux Coquilles qui la portent le nom de Coquilles operculées. Ces Coquilles quoiqu'Univalves, ſemblent ſe rapprocher des Bivalves par cette petite piece, qui eſt comme une ſeconde Coquille. Il y a, ſur-tout, quelques genres où cet Opercule ſemble articulé avec la grande Coquille; en quoi ils reſſemblent encore plus aux Bivalves, dont les deux battans ſont articulés enſemble.

De ces Coquilles les unes ſont terreſtres, les autres aquatiques. La mer fournit des Coquilles de toutes ces différentes diviſions: mais parmi les Coquilles terreſtres, nous ne connoiſſons aucunes Bivalves ni Multivalves ; toutes ſont Univalves : il y a ſeulement quelques Operculées terreſtres. Les Coquilles d'eau douce, les ſeules aquatiques dont nous avons à parler ici, nous fourniſſent des Bivalves & des Univalves, tant ſimples qu'operculées : mais juſqu'ici on n'en a trouvé aucune qui ſoit Multivalve. Ainſi nous nous contenterons de diviſer les Coquilles que l'on trouve aux environs de Paris en deux Sections : la premiere comprendra les Univalves, & les Bivalves composeront la seconde.

SECTION PREMIERE.

COQUILLES UNIVALVES.

LES Coquilles univalves ne ſont composées que d'une ſeule piece, ou d'un ſeul morceau, comme nous venons de le dire; mais la conformation de cette piece eſt différente. Dans les unes ce n'eſt qu'une plaque, concave en dedans, convexe en deſſus, & ſous la concavité de laquelle l'animal eſt renfermé: c'eſt ce que l'on voit dans l'*Ancile*, qui n'a aucunes ſpirales. Dans d'autres, & c'eſt le plus grand nombre, la Coquille forme une eſpece de tuyau conique roulé en ſpirale autour d'un axe; de façon que la partie la plus étroite forme les ſpirales du centre qui ſont plus petites, tandis que les plus grandes s'éloignent de ce centre, & vont former à la fin l'ouverture de la Coquille. Parmi ces Coquilles en ſpirales, les unes ont leurs ſpirales roulées concentriquement les unes autour des autres, & forment une eſpece de diſque applati, ſans que la Coquille ait aucun ſommet; c'eſt ce que l'on voit dans les *Planorbes*. Les autres ont leurs ſpirales qui ſe courbent en tournant & montant obliquement de bas en haut; ce qui donne à la Coquille une figure conique qui ſe termine par un ſommet plus ou moins pointu : cette forme de Coquille eſt très commune parmi les Univalves. Enfin, cette eſpece de cône formé par les ſpirales eſt plus ou moins allongé, ce qui donne différentes formes aux Coquilles. C'eſt d'après ces conformations différentes, & ſur-tout d'après celles de l'ouverture de la Coquille, que la plûpart des Naturaliſtes ont rangé les Coquillages. Ce moyen étoit d'autant plus commode, qu'il eſt facile de conſerver les Coquilles, & d'examiner les rapports de leur conformation. Cependant les animaux qui habitent ces Coquilles pouvoient fournir des caracteres d'autant plus ſurs que la Coquille n'eſt proprement que l'habit & la demeure de l'animal, & que des Coquilles très différentes en apparence, peuvent renfermer des animaux d'un genre tout-à-fait ſemblable, comme on en verra des exemples. Mais, la difficulté d'examiner des animaux qui vivent dans l'eau, & la plûpart dans la mer, a juſqu'ici empêché de tirer les caracteres des

Coquilles, des animaux qu'elles renferment. M. Adanſon eſt le premier qui ait ſurmonté cet obſtacle, qui paroiſſoit invincible aux Naturaliſtes. Cet illuſtre Académicien nous a donné dans ſon Hiſtoire Naturelle du Sénégal, la figure & les caracteres des Coquillages de ce Pays, tant terreſtres, que de mer & d'eau douce. Cet immenſe travail jette un nouveau jour ſur cette partie intéreſſante du regne animal. C'eſt d'après les vues de ce ſavant Auteur, que j'ai entrepris un travail bien moins étendu, & le ſeul que me permiſſent les affaires qui me fixent à Paris. J'ai tenté de ranger méthodiquement, par des caracteres tirés des animaux, le peu de Coquillages tant terrestres que fluviatiles qui se trouvent ici. Ces animaux ne comprennent que quarante-six especes qui soient venues à ma connoissance. Je les ai rangées sous sept genres, dont cinq composent la premiere Section, celle des Univalves. Puisse cet essai, engager les Jeunes Gens qui herborisent aux environs de Paris, à le perfectionner par de nouvelles Observations!

Les Coquilles de cette premiere Section se rapportent aux cinq genres suivants.

1°. LE LIMAS.	1°. COCHLEA.
4 Tentacules, dont 2 plus grands portent des yeux à leur extrémité.	Tentacula 4, duo majora oculifera ad apicem.
Coquille univalve en spirale.	Testa univalvis, spiralis.
2°. LE BUCCIN.	**2°. BUCCINUM.**
2 Tentacules plats en forme d'oreille.	Tentacula 2 plana auriformia.
Yeux placés à la base des tentacules du côté intérieur.	Oculi ad basim interne.
Coquille univalve en spirale & conique.	Testa univalvis, spiralis, conica.
3°. LE PLANORBE.	**3°. PLANORBIS.**
2 Tentacules filiformes.	Tentacula 2 filiformia.
Yeux placés à la base des tentacules du côté intérieur.	Oculi ad basim interne.
Coquille univalve en	Testa univalvis, spira-

ſpirale & ordinairement applatie.

lis, plærumque depreſſa.

4°. LE NÉRITE.

2 Tentacules.

Yeux placés à la baſe des tentacules du côté extérieur.

Opercule à la Coquille.

Coquille univalve en ſpirale & preſque conique.

4°. NERITA.

Tentacula 2.

Oculi ad baſim externe.

Operculum teſtæ.

Teſta univalvis, ſpiralis, ſubconica.

5°. L'ANCILE.

2 Tentacules.

Yeux placés à la baſe des tentacules du côté intérieur.

Coquille univalve, concave & unie.

5°. ANCYLUS.

Tentacula 2.

Oculi ad baſim interne.

Teſta univalvis, concava, æqualis.

LE LIMAS.	COCHLEA.
4 Tentacules, dont 2 plus grands portent des yeux à leur extrémité.	Tentacula 4, duo majora oculifera ad apicem.
Coquille univalve en spirale.	Testa univalvis, spiralis.
Famille premiere, à Coquille arrondie.	*Familia prima*, Testa subrotunda.
— *Seconde*, à Coquille allongée.	— *Secunda*, Testa longa.

Les Limas composent le genre le plus nombreux que nous connoissions parmi les Coquilles de ce Pays-ci. De ce genre sont les différentes especes que l'on rencontre dans les Jardins, les Vignes & les Campagnes, & qui sont connues sous le nom de Limaçons. Tous ces animaux sont terrestres, & courent à terre ou ſur les plantes, à l'exception d'une ſeule eſpece que nous avons nommée l'*Amphibie*, parcequ'elle vit également ſur la terre & dans l'eau.

Les animaux qui vivent dans ces Coquilles, ſont du même genre que les Limaces qu'on trouve dans les Jardins & les Caves. Les uns & les autres ont également quatre tentacules, dont deux ſont plus courts & deux plus longs. C'eſt à l'extrémité de ces derniers que ſont placés deux corps arrondis qui contiennent dans leur milieu une partie plus brune, & qui paroiſſent être les yeux de ces animaux. La ſeule différence des Limas & des Limaces, c'eſt que les premiers ont une Coquille tournée en ſpirale, dans laquelle ils peuvent ſe retirer entierement, & dont ils font ſortir la partie antérieure & inférieure de leur corps, lorſqu'ils veulent marcher, emportant leur Coquille avec eux ; au lieu que les Limaces ont le corps nud & ſans Coquille à l'extérieur : il eſt vrai qu'en les diſſéquant on trouve dans l'intérieur de leur Corps, vers la tête, une eſpece de petit oſſelet long, mince & applati, de la même ſubſtance que les Coquilles ; mais il n'en a point l'uſage & ne paroît point à l'extérieur.

Les Limas ſont tous animaux hermaphrodites ; ils ont tous les deux ſexes, & les parties ſont ſituées au côté droit du col de l'animal, à l'endroit qui ſort de la Coquille lorſque le Limas s'allonge pour marcher. Mais quoique ces animaux aient les deux ſexes, ils ne peuvent cependant engendrer ſeuls ; ils s'accouplent toujours deux enſemble : ſeulement tous les deux font réciproquement l'office de mâle & de femelle, enſorte que l'accouplement entr'eux eſt double.

Lorſque ces animaux veulent

s'accoupler, ils commencent par un prélude ſingulier : la nature les a pourvus d'une eſpece de dard ou fleche à quatre aîles, d'une ſubſtance caſſante, ferme & aſſez ſemblable à celle de la Coquille. Cet aiguillon ſort par la même ouverture du col qui donne iſſue aux parties mâle & femelle ; & lorſque ces animaux s'approchent, l'aiguillon de l'un pique l'autre, abandonne la partie d'où il ſort, & tombe à terre ou reſte attaché au Limaçon qui a été piqué : celui-ci ſe retire ; mais bientôt après il ſe rapproche, pique l'autre à ſon tour, après quoi l'accouplement s'exécute. Ces animaux s'accouplent jusqu'à trois fois de quinze en quinze jours, & chaque fois la nature fait les frais d'un nouvel aiguillon. Leurs accouplemens durent chacun plusieurs heures, & pendant ce tems ils paroissent comme engourdis. Dix-huit jours environ après, les Limaçons rendent par la même ouverture du col, une grande quantité d'œufs blancs, revêtus d'une coque membraneuse, qui lorsqu'elle est seche devient cassante, & de la grosseur de la moitié d'un pois. Ils cachent ces œufs en terre, où je les ai trouvés plusieurs fois.

Tel eſt l'accouplement des Limas. On verra cependant dans le détail quelques différences ſuivant les eſpeces : il y en a par exemple qui ont deux dards ou aiguillons vénériens, tandis que les autres n'en ont qu'un.

Les Limas vivent d'herbes & de feuilles ; ils font même ſouvent de grands dégats dans les Jardins & les Potagers : la nature les ayant pourvus de deux machoires dures, oſſeuſes & tranchantes, avec leſquelles ils coupent & briſent les feuilles.

Aux approches de l'hyver les Limas ſe retirent dans quelques trous où ils ſe mettent à l'abri,

& ils ferment alors leurs Coquilles avec une eſpece de couvercle blanc & comme plâtreux, formé par leur bave ou mucoſité, épaiſſie. On les trouve ſouvent ainſi fermés à la fin de l'hyver, juſqu'au mois de Mars, & c'eſt alors que les Gens de la Campagne les ramaſſent pour les manger. Ce couvercle plâtreux qui ferme l'ouverture de la Coquille, n'eſt qu'une ſimple plaque; il differe des opercules en ce que ſur ceux-ci on apperçoit des ſpirales qui ne ſe voient point ſur ce couvercle. D'ailleurs l'opercule eſt une partie eſſentielle de l'animal qu'il conſerve en tout tems, avec laquelle il ferme ſa Coquille toutes les fois qu'il le veut; au lieu que ce couvercle plâtreux n'eſt qu'une ſimple concrétion étrangere à l'animal & ſans organiſation. Auſſi, dès le commencement du printemps le Limaçon rompt & détruit ce couvercle; il ſort alors de ſa Coquille, va chercher ſa nourriture & renouveller ſes dégats.

Nous avons diviſé ce genre qui eſt aſſez nombreux en deux familles, à raiſon de la forme des Coquilles de ces animaux. Le premiere renferme ceux dont les Coquilles ſont arrondies, telles que celles des Limaçons des Jardins. La ſeconde comprend ceux qui ont des Coquilles allongées & comme en clocher. On peut ſubdiviſer cette ſeconde famille en deux ordres. Le premier eſt composé des Limas dont les volutes de la Coquille ſont contournées de gauche à droite, comme ſont les Limaçons & la plus grande partie des Teſtacés univalves. Les autres qui composeront le ſecond ordre, ont au contraire les volutes de leur Coquille tournées de droite à gauche; ce qui a fait appeller ces eſpeces de Coquilles par pluſieurs Naturaliſtes du nom très impropre d'*Uniques*, d'autant que dans beaucoup de genres de Coquilles de mer, on trouve de ces Coquilles uniques.

---

§. I.

A COQUILLE ARRONDIE.

I. Cochlea, testa utrinque convexa, rufescente, quinque spirarum.

Linn. Faun. Suec. 1293. Cochlea, testa ovata, quinque spirarum, Pomatia dicta.

Linn. Syst. Nat. edit. 10, *t. I*, *p.* 771, *n.* 593. Helix, testa umbilicata, subovata, obtusa, decolori, apertura subrotunda-lunata. Vulgò *Pomatia*.

Gesn,

Gesn. Aquat. 255. Pomatia.

Aldrov. Exsang. 389. Cochlea terrestris, gypso obserrata.

List. Angl. p. 111, *t.* 2, *f.* 1. Cochlea cinerea edulis, cujus apertura operculo crasso velut gypseo per hyemem clauditur.

List. Exercit. Anat. I, p. 162, *t.* 1. Cochlea pomatia edulis Gesneri.

List. Hist. I, n. 46. Cochlea cinereo-rufescens, fasciata, leviter umbilicata.

Dale, Pharmac. 394. Cochlea terrestris, Limax terrestris.

Merr. Pin. 207. Cochlea alba major cum suo operculo.

Petiv. Mus. IV, n. 12. Cochlea alba major.

Swammerd. Bib. Nat. t. 4, *f.* 2.

Gualt. Test. t. 1, *f. A.*

Argenville, Conchyl. part. 1, *tab.* 28; *f.* 1.

Idem, part. 2, *t.* 9, *f.* 4.

LE VIGNERON. Largeur 15 lignes.

Ce Limas eſt le plus gros de ce Pays-ci. Sa coquille eſt en ſpirale, & décrit quatre tours & demi & même près de cinq tours. Sa couleur eſt un peu fauve, avec quelques bandes plus foncées : le bord de ſa bouche ou de ſon ouverture eſt peu ſaillant & recourbé, & ſa couleur eſt la même que celle du reſte de la Coquille. Pendant l'hyver cette bouche eſt fermée par une eſpece de couche plâtreuſe, blanche, tout-à-fait ſemblable à une Coquille d'œuf.

On trouve ſouvent ce Limas dans les vignes ; ce qui l'a fait apppeller *le Vigneron.* Pluſieurs perſonnes le ramaſſent dans les campagnes, ſur-tout au printemps, lorſque ſa coquille eſt encore fermée, pour le faire cuire & le manger. Son goût n'eſt pas deſagréable.

II. Cochlea, teſta utrinque convexa, pullo maculata & faſciata, quinque ſpirarum, labro albo reflexo.

Liſt. Angl. p. 113. Cochlea major pulla maculata & faſciata hortenſis.

Lift. Synopf. tab. 56, *f.* 53.

LE JARDINIER. Largeur 10 lignes.

Le Jardinier varie pour la grandeur; mais en général il eft au moins d'un bon tiers plus petit que le Vigneron. Cette Coquille a des bandes circulaires de taches brunes, entrecoupées par des taches plus claires. Ce qui la fait aifément diftinguer des autres, c'eft que fon ouverture a un rebord faillant, d'un blanc laiteux en dedans. Cette ouverture fe ferme en hiver par le moyen d'une couche plâtreufe comme celle du Vigneron.

On trouve très fréquemment ce Limas dans les jardins, où il cause beaucoup de desordre en rongeant les plantes; c'est ce qui l'a fait appeller *le Jardinier.* Quelques personnes le mangent comme le précédent; mais sa chair n'est pas si délicate. Ils sont, l'un au défaut de l'autre, d'usage en Médecine pour faire les bouillons & le Syrop de Limaçons.

III. Cochlea, testa utrinque convexa, flava, fusco fasciata, quinque spirarum, labro fusco reflexo.

Linn. Faun. Suec. 1294. Cochlea testa utrinque convexa flava, fascia subſolitaria fuſca, labro reflexo.

Linn. Syſt. Nat. ed. 10, *t.* 1, *p.* 773, *n.* 604. Helix teſta imperforata, ſubrotunda, lævi, diaphana, faſciata, apertura ſubrotundo-lunata. Vulgo *Nemoralis.*

Liſt. Ang. 116, *t.* 2, *f.* 3. Cochlea citrina aut leucophæa, non raro unicolor, interdum tamen unica, interdum etiam duabus aut tribus, aut quatuor, plærumque vero quinque faſciis pullis diſtincta.

Idem, Hiſt. t. 1, *n.* 54. Cochlea interdum unicolor, interdum variegata, item variis faſciis depicta.

Swammerd, Bib. Nat. tom. I, t. 8, *f.* 6. Cochlea hortenſis.

Merr. Pin. 207. Cochlea vulgaris, teſta variegata.

Petiv. Muſ. 5, *n.* 14. Cochlea vulgaris, teſta variegata.

Gualt. Teſt. t. 1, *f. P.*

Argenville, Conch. part. I, tab. 28, *f.* 8.

Argenville, Conch. part. II, tab. 9, *n.* 5. Cochlea ſemilunaris.

Liſt. Synop. Method. t. 57, *f.* 54.

LA LIVRÉE. Largeur 9, 10 lignes.

Cette Coquille eſt plus petite que les précédentes. Il en eſt peu dont les couleurs varient autant : en général la couleur de la Coquille eſt citronnée, lavée quelquefois d'un peu de rouge; mais tantôt la Coquille eſt toute de cette couleur, ſans aucune bande ; tantôt elle eſt chargée d'une ſeule bande circulaire ; d'autres fois de deux ou trois, quelquefois de cinq. Ces bandes brunes varient auſſi pour leur grandeur & leur poſition ; mais l'ouverture de la Coquille a toujours un rebord aſſez ſaillant, de couleur brune, même dans celles qui n'ont aucune bande.

On trouve ce Limas par-tout dans les jardins & les campagnes. Les bandes qui le couvrent & lui donnent l'air d'une Livrée, l'ont fait appeller de ce nom.

IV. Cochlea, teſta utrinque convexa alba, ſex ſpirarum, labro vix reflexo.

Liſt. Angl. 125, *t.* 2, *f.* 12. Cochlea dilutè rufeſcens, aut ſubalbida, ſinu ad umbilicum exiguo, circinato?

LA CHARTREUSE. Diametre 6 lignes.

Cette Coquille peu élevée a environ un demi pouce de diametre, & ſa volute forme près de ſix tours. Elle eſt aiſée à reconnoître par ce caractere & par ſa couleur toute blanche : l'animal qu'elle renferme eſt pareillement blanc ; auſſi l'a-t-on appellée *la Chartreuſe*. On la trouve dans les bois ; mais plus rarement que les précédentes.

V. Cochlea, teſta utrinque convexa, ſubtus perforata, ſtriata, albido cinereoque faſciata, quinque ſpirarum.

d'Argenville, Conch. part. II, t. 9, f. 6.

LA GRANDE STRIÉE. Diamet. 5 lig.

Sa couleur eſt griſe & cendrée avec quelques bandes de taches plus foncées. En deſſous, cette Coquille a un enfoncement ou ombilic, creux dans ſon milieu: toute la Coquille a des ſtries longitudinales, fines; ce qui l'a fait nommer la Striée. On la trouve fréquemment dans les bois humides. L'animal que cette Coquille renferme, a une ſingularité remarquable ; c'eſt qu'il eſt pourvu de deux de ces dards, ou *ſpiculum Veneris*, dont les Limaçons ſe ſervent & qu'ils ſe dardent mutuellement pour s'agacer, avant que de s'accoupler. Ces deux dards ſont dans deux capſules différentes. Tous les autres Limas, à l'exception du *grand Ruban*, n'en ont qu'un ſeul, renfermé dans une ſeule capſule.

VI. Cochlea, teſta utrinque convexa, ſubtus perforata, ſtriata, alba, quatuor ſpirarum, ore reflexo.

Argenville, Conch. part. II, t. 9, f. 7.

LA PETITE STRIÉE. Diametre 1 lig.

La couleur de cette petite Coquille eſt blanche ; elle eſt chargée de quelques ſtries longitudinales, difficiles à appercevoir à cauſe de ſa petiteſſe : en deſſous elle a un ombilic bien marqué, & ſon ouverture a un rebord ſaillant & très conſidérable pour ſa grandeur. Cette eſpece eſt fort commune dans les bois, ſous les pierres humides & parmi les mouſſes.

VII. Cochlea, teſta utrinque convexa, ſubtus perforata, cornea, pellucida, nitida, quinque ſpirarum.

Swammerd. Bibl. Nat. I, p. 154, *tab.* 8, *f.* 3. Minuta cochlea leviter depreſſa.

Argenv. Conch. part. I, tab. 28, *fig.* 4.

LA LUISANTE. Diametre 5 lignes.

La Luiſante eſt ainſi nommée parcequ'elle eſt très liſſe. Sa Coquille décrit cinq tours de volute : elle eſt tranſparente & de couleur de corne claire, lorſqu'elle eſt vuide ; car du vivant de l'animal elle paroît d'un noir foncé, à cauſe de la couleur du Limaçon qui eſt très noir, & que l'on voit à travers la

Coquille. En deſſous elle a un ombilic creux. Elle ſe trouve avec les précédentes, ſous les pierres humides & à l'ombre dans les bois.

VIII. Cochlea, teſta tota pellucida, fragili, ſubvireſcente, utrinque convexa, ſpiris tribus.

LA TRANSPARENTE. Diamet. 2 lig.

Cette Coquille eſt très liſſe, luiſante, convexe des deux côtés, nullement perforée en deſſous, très mince, fragile & tranſparente comme un verre : elle a une teinte un peu verdâtre, & elle décrit trois tours de ſpirale, dont le premier eſt fort grand; auſſi ſon ouverture eſt-elle très large. On la trouve dans les mouſſes humides, au bord des étangs; mais jamais dans l'eau où elle périt. C'eſt même un moyen de tuer l'animal & de le faire ſortir de ſa Coquille; ce qui ne ſe pourroit faire autrement ſans riſque de la caſſer, à cauſe de ſon extrême délicateſſe. Lorſque l'animal eſt vivant, il a une appendice membraneuſe avec laquelle il frotte & nétoye perpétuellement ſa Coquille.

IX. Cochlea, teſta utrinque convexa, ſubtus concava, ſtriata, cornea, lineis tranſverſis ferrugineis, quinque ſpiris rotundis.

Argenvil. Conchyl. part. II, t. 9, f. 10.

LE BOUTON. Diametre 2 lignes.

Cette petite Coquille eſt très jolie. Sa forme eſt aſſez applatie en deſſus : en deſſous elle eſt plus convexe vers ſes bords, avec un enfoncement très conſidérable à l'ombilic ; ce qui la rend concave. Sa couleur eſt pâle, ſemblable à celle de la corne ; mais elle eſt toute parſemée de taches tranſverſes rougeâtres, presque à égale distance les unes des autres; de plus toute la Coquille est chargée de stries fines transverses. Ces stries & ces taches font ressembler cette Coquille à un bouton joliment travaillé. On la trouve avec les précédentes dans la mousse & sous les pierres humides.

X. Cochlea, testa utrinque convexa, subtus perforata, limbo acuto, apertura ovata transversa, spiris quinque.

Linn. Faun. Suec. 1298. Cochlea testa utrinque convexa, subtus perforata, ſpira acuta, apertura ovata tranſverſali.

Linn. Syſt. Nat. edit. 10, *I*, *p.* 768, *n.* 572. Helix teſta carinata, umbilicata, utrinque convexa, apertura marginata tranſverſali ovata. Vulgo *Lapicida.*

Act. Upſ. 1736, *p.* 40, *n.* 9. Cochlea teſta convexa, ſubtus perforata, ſpira acuta.

Petiv. Muſ. 69, *n.* 734. Planorbis terreſtris Anglicus, umbilico minore, margine acuto.

Liſt. Angl. 126, *t.* 2, *f.* 14. Cochlea pulla, ſylvatica, ſpiris in aciem depreſſis.

Idem, *Hiſt. I*, *p.* 29, *f.* 62. Cochlea noſtra umbilicata, pulla.

LA LAMPE, ou le PLANORBIS TERRESTRE. Diametre 5 ½, 6 lignes.

Cette Coquille eſt une des plus ſingulieres & des plus rares de ce Pays-ci. Elle eſt peu convexe en deſſus, un peu plus en deſſous, & percée d'un ombilic bien marqué. Elle décrit cinq tours de ſpirale, dont l'extérieur eſt très aigu, applati ſur les bords, & coupé obliquement à l'ouverture; enſorte que cette ouverture eſt preſque tranſverſale en deſſous: cette bouche a des rebords blancs. Le reſte de la Coquille a des ſtries tranſverſes, & eſt de couleur pâle, ſemblable à celle de la corne tout parſemé de taches rougeâtres, aſſez grandes & marquées mais moins belles & moins égales que dans *le Bouton.* On trouve cette Coquille, mais rarement, dans les bois autour de Paris.

XI. Cochlea, teſta utrinque convexa, hiſpida, ſubtus perforata, ſpiris quinque rotundatis, apertura ovata.

Linn. Faun. Suec. 1296. Cochlea, teſta utrinque convexa, hiſpida, ſpiris quinque rotundatis, ſubtus perforata.

Linn. Syſt. Nat. edit. 10, *I, p.* 771,

n. 591. Helix, teſta umbilicata, convexa, hiſpida, diaphana, anfractibus quinis, apertura ſubrotundo-lunata. Vulgo *Hiſpida*.

LA VELOUTÉE. Diametre 3 lignes.

Cette Coquille décrit cinq ſpirales & plus. Sa couleur eſt ſemblable à celle de la corne, un peu brune. Le deſſous forme un ombilic creux, bien marqué & ſa bouche eſt ovale, ſans être bordée d'une levre ſaillante : mais ce qui la rend très reconnoiſſable, c'eſt qu'elle eſt veloutée, ou parſemée de petits poils courts qui forment un duvet. On la trouve très communément dans les bois humides & dans les prairies.

XII. Cochlea, testa fusca, hispida, supra plana, subtus perforata, spiris sex, apertura triangulari, labro reflexo luteo.

LA VELOUTÉE à bouche triangulaire. Diametre 4 $\frac{1}{2}$ lignes.

Sa Coquille décrit six spirales: elle est de couleur brune & veloutée comme la précédente; mais platte en dessus & même renfoncée dans son milieu : en dessous elle est percée d'un ombilic assez large. L'ouverture de sa bouche a un rebord ou une levre ſaillante de couleur jaunâtre, qui par ſon contour rend cette ouverture triangulaire. Cet animal eſt aſſez rare. On le trouve quelquefois à Meudon, dans les endroits humides & bas de ce Parc. Sa forme ſinguliere, & qui approche de celle des *Planorbis*, l'a fait appeller par quelques perſonnes, le *Planorbis terreſtre*.

XIII. Cochlea, teſta alba, ſupra plana, ſubtus ſinu amplo perforata, ſpiris quinque, faſcia ferruginea.

Liſt. Angl. p. 126, *tab.* 2, *f.* 13. Cochlea cinerea albidave, fasciata ericetorum.

LE GRAND RUBAN, OU RUBAN PLAT. Diametre 6 lignes.

Le dessus de cette Coquille est assez applati; mais le dessous a un large ombilic, qui laisse voir les volutes en forme d'escalier. La Coquille décrit six spirales : sa couleur est toute blanche, à l'exception d'une bande de couleur fauve qui regne sur le milieu des volutes, & qui, assez ordinairement sur la derniere, est accompagnée d'une seconde moins vive en couleur.

L'animal

L'Animal de cette Coquille a deux dards vénériens de même que la *Grande Striée*. On peut voir ce que nous avons dit ci-dessus à ce sujet.

XIV. Cochlea, testa alba, supra plana, latere acuto, subtus convexa, sinu angusto perforata, spiris quatuor, fascia suprà unica, subtùs plurimis fuscis.

LE PETIT RUBAN, OU RUBAN CONVEXE. Diametre 2 $\frac{1}{2}$ lignes.

Cette espece est plate en dessus, à peu près comme la précédente; en dessous elle est convexe & perforée d'un ombilic étroit, en quoi elle en differe. Une autre différence ; c'eſt qu'elle ne décrit que quatre ſpirales.

La forme plate du deſſus fait que les ſpirales ont un angle ſur le côté vers le haut. Sa couleur eſt blanche, avec une ſeule bande brune en deſſus ſur les volutes; mais en deſſous, outre cette bande, il y en a quatre autres plus fines & plus étroites.

On trouve en Normandie, dans les prés, au bord de la mer, une autre Coquille qui approche beaucoup de celle-ci, & qu'on pourroit nommer le *Ru-*

ban marin ; mais qui en differe en ce qu'elle a cinq ſpirales & qu'elle eſt toute blanche en deſſous, avec une ſeule bande brune en deſſus.

---

§. II.

A COCQUILLE ALLONGÉE.

1. à Volutes tournées à droite.

XV. Cochlea, teſta fulva obſcura, acuta, ſpiris ſex.

Liſt. Angl. 122, *tab.* 2, *f.* 8. Buccinum rupium majuſculum, circiter ſenis orbibus circumvolutum.

Argenv. Conchyl. part. 1, *t.* 28, *f.* 15.

LE GRAIN D'ORGE. Long. 3 lign.

Sa couleur imite celle de la Châtaigne ; elle eſt ſeulement un peu plus claire. Sa Coquille eſt terne & nullement brillante : elle décrit ſix ſpirales, & a une ouverture ovale bordée d'une levre blanche.

Comme cette Coquille eſt à peu près de la groſſeur & de la longueur d'un grain d'orge, on a tiré de cette reſſemblance le nom qu'elle porte. On la trouve dans la mouſſe & ſous les pierres humides.

XVI. Cochlea, teſta fuſca, obſcura, acuta, ſpiris octo.

LE GRAIN D'AVOINE. Long. 2 lign.

La couleur de cette Coquille eſt brune & nullement brillante. Elle décrit huit tours de ſpirales. Son ouverture eſt ovale, bordée d'une levre blanche, avec ſept dents ou replis de même couleur, quatre en haut & trois en bas. Cette Coquille reſſemble aſſez à la précédente; mais elle eſt moins grande & un peu plus pointue. On la trouve dans les mêmes endroits qu'elle.

XVII. Cochlea, teſta fulva, nitida, acuta, ſpiris quinque.

Liſt. Angl. pag. 122, *tab.* 2, *f.* 7. Buccinum exiguum, quinque anfractuum, mucrone acuto.

La Brillante. Longueur 2 lignes.

Cette Coquille approche de la précédente pour la couleur, si ce n'est qu'elle est plus pâle. Elle est lisse & brillante, & ne décrit que cinq spirales ; en quoi il est fort aisé de la distinguer du *Grain d'Orge*. Son ouverture est ovale & bordée d'une levre blanchâtre ; mais peu marquée. Elle se trouve dans les mousses aquatiques au bord de l'eau ; mais toujours sur terre, car, si elle tombe dans l'eau elle périt.

XVIII. Cochlea, testa cinerea,

acuta, ſtriata, apertura quinque-dentata, labro reflexo, ſpiris novem.

Argenv. Conchyl. 2, *p.* 81, *t.* 9, *f.* 13.

L'ANTI-NOMPAREILLE. Long. 5 lign. Larg. 1 $\frac{1}{4}$ ligne.

Cette Coquille eſt de couleur cendrée, & de forme allongée, aiguë par le bout. Elle a des ſtries fines longitudinales. Le bas de la Coquille ſe reſſere un peu : elle décrit neuf tours de ſpirale. Sa bouche ovale a cinq replis ou dents, trois en haut & deux en bas.

On trouve cette Coquille au pied des murs, & dans les bois

parmi la mousse. Nous l'avons appellée *Anti-Nompareille*, parcequ'elle ressemble tout-à-fait à la *Nompareille*, dont nous parlerons tout à l'heure, n'en différant qu'en ce que ses volutes sont tournées suivant le sens ordinaire aux autres Coquilles, c'est-à-dire de gauche à droite; au lieu que celles de la Nompareille vont dans un sens opposé, ou de droite à gauche.

XIX. Cochlea, testa subcylindracea obtusa, labro albo reflexo, spiris octo.

LE GRAND BARILLET. Long. 2 $\frac{1}{2}$ lign.

Quant à la couleur, cette

Coquille approche de la couleur fauve, & eſt un peu tranſparente. Sa figure eſt à-peu-près cylindrique, comme celle d'un petit tonneau ou baril, ce qui l'a fait appeller *Barillet*, ſes volutes formant comme les cercles d'un baril. Son ſommet ne ſe termine pas en pointe ; mais il eſt mouſſe, obtus & arrondi. On compte huit volutes ſur cette Coquille, & même preſque neuf. Son ouverture eſt ovale, avec des rebords en forme de levres de couleur blanche, & une arrête de même couleur, formée en feuillet, au milieu de l'ouverture. On la trouve parmi les mousses humides & sous les pierres, dans les Jardins & les Campagnes.

XX. Cochlea, testa subcylindracea obtusa, labro albo reflexo, spiris sex.

Linn. Faun. Suec. 1301. Cochlea, testa subpellucida, spiris sex dextrorsis, subcylindracea obtusa.

Linn. Syst. Nat. edit. 10, *I p.* 767. *n.* 568. Turbo, testa turrita, obtusa, pellucida, anfractibus secundis, apertura edentula. Vulgò *Muscorum.*

List. Angl. 121, *t.* 2, *f.* 6. Buccinum exiguum, flavum, mucrone obtuso, seu cylindraceum.

It. Œland. 99. Cochlea parva, spiris septem.

Argenvil. Conchyl. part. II, t. 9, f. 11.

LE PETIT BARILLET. Long. 1 ligne.

Celle-ci reſſemble en tout à la précédente, & n'en differe que parcequ'elle n'a que ſix ſpirales, & qu'elle eſt plus petite de plus de moitié. On la trouve dans les mêmes endroits que le grand Barillet.

XXI. Cochlea, teſta alba, fragili, acuta, ſpiris ſex.

L'AIGUILLETTE. Longueur 1 $\frac{2}{3}$ ligne, largeur $\frac{1}{4}$ ligne.

Cette petite Coquille eſt longue, mince & fine comme une aiguille; ce qui lui a fait donner le nom qu'elle porte. Elle eſt blanche, fragile, délicate, & elle décrit ſix tours de ſpirale. On la trouve ſur les vieux murs entre les mouſſes : il eſt rare de la rencontrer avec l'Animal qu'elle contient; preſque toujours elle eſt vuide.

XXII. Cochlea, teſta membranacea, ſubflava, oblonga, mucrone obtuſo, anfractibus tribus.

Linn. Faun. Suec. 1317.

Linn. Syſt. Nat. edit. 10, *I*, *pag.* 776. *n.* 614. Helix, teſta imperforata, ovata, obtuſa, flava, apertura ovata. Vulgò *Putris*.

Swammerd. Bibl. Nat. tom. 1, *p.* 155, *t.* 8, *f.* 4. Cochlea, figuræ ovalis.

Lift. Angl. 140, *t.* 2, *f.* 24. Buccinum subflavum, pellucidum, trium spirarum.

Idem, Hist. Conchyl. 3, *t.* 123, *f.* 23, Buccinum subflavum, pellucidum, trium orbium.

Bonan. Recreat. 3, *p.* 119, *f.* 54.

Petiv. Mus. 83, *n.* 808. Buccinum fluviatile nostras, testa prætenui, fragili.

Tulp. Observ. 200, *t.* 201.

Klein, Ostr. t. 3, *f.* 70.

Argenv. Conch. part. I, tab. 27, *n.* 6, *fig. ultimâ.*

L'AMPHIBIE ou l'AMBRÉE. Longueur 9 lignes, largeur 4 $\frac{1}{2}$ lignes.

Les dimensions que nous donnons de cet Animal, ſont priſes ſur un des plus grands; il y en a de beaucoup plus petits. Sa Coquille eſt mince, délicate, tranſparente; d'une couleur très jaune & ambrée, quand on en a tiré l'Animal qui eſt noirâtre. On y apperçoit de petites ſtries obliques, paralleles les unes aux autres. Elle forme ſeulement trois tours de ſpirale, dont le premier eſt très ample, le ſecond moyen, & celui d'en haut fort petit; ce qui fait que la pointe de cette Coquille eſt obtuſe, & que ſon ouverture eſt large. Cette Coquille eſt amphibie: on la trouve dans les étangs & les ruiſſeaux ; mais fort ſouvent elle en ſort, & grimpe ſur les plantes voiſines de l'eau. Elle eſt très commune.

2°. *à Volutes tournées à gauche.*

XXIII. Cochlea, teſta fuſca, opaca, apertura compreſſa, labro albo reflexo, ſpiris decem ſiniſtrorſis.

Liſt. Angl. p. 123, *t.* 2, *f.* 10. Buccinum pullum, opacum, ore compreſſo, circiter denis ſpiris faſtigiatum.

Liſt. Synopſ. Meth. t. 41, *f.* 39.

Argenv. Conchyl. I, *t.* 28, *f.* 19.

Argenv. Conchyl. II, *p.* 81, *t.* 9, *f.* 14.

LA NOMPAREILLE. Longueur 4 lign. largeur 1 ligne.

Sa Coquille eſt allongée, brune, opaque, & nullement tranſparente. Vue de près, elle paroit avoir des ſtries fines longitudinales. Le haut de la Coquille ſe termine en pointe mouſſe, le milieu eſt plus renflé & le bas ſe reſſerre de nouveau. Elle fait dix tours de ſpirale. Son ouverture eſt oblongue, un peu reſſerrée, ſur-tout vers le haut, & elle eſt bordée d'une levre blanche : au haut de l'ouverture on apperçoit un repli ou une crête, pareillement blanche. On trouve cette Coquille au pied des murs & des vieux arbres, dans la mousse & sur les pierres. Elle est fort commune ici. Sa forme lui a fait donner le nom de *Nompareille*, ses volutes étant tournées dans un sens contraire à celui qui est ordinaire aux autres Coquilles. C'est par-là qu'elle differe de l'Anti-Nompareille, que nous avons décrite ci-dessus; ayant d'ailleurs dix tours de spirale, au lieu que l'Anti-Nompareille n'en a que neuf.

XXIV. Cochlea, testa subcylindracea, obtusa, labro albo

reflexo, ore quadridentato, ſpiris octo ſiniſtrorſis.

L'ANTI-BARILLET. Long. 3 ½ lignes, Larg. 1 ⅓ ligne.

Cette Coquille eſt de couleur jaunâtre, & ſon teſt eſt aſſez dur & liſſe. Elle eſt preſque cylindrique, & le haut ſe termine en pointe très mouſſe, & à-peu-près comme le grand Barillet, auquel elle reſſemble beaucoup. Elle décrit huit tours de ſpirale. Sa bouche ovale eſt un peu étranglée, a un rebord blanc aſſez épais, & de plus, dans ſon ouverture quatre replis ou dents blanches, dont une en haut, deux à droite près l'une de l'autre, & une plus grosse à gauche en regardant l'ouverture de face & la pointe en haut. On trouve cette Coquille dans les mêmes endroits que la précédente. Comme elle ressemble au Barillet, mais que ses volutes sont tournées dans un sens contraire, ou de droite à gauche ; nous l'avons appellée l'*Anti - Barillet.*

LE BUCCIN. BUCCINUM.

2 Tentacules plats en forme d'oreille.	Tentacula 2 plana auriformia.
Yeux placés à la baſe des tentacules du côté intérieur.	Oculi ad baſim interne.
Coquille univalve en ſpirale & conique.	Teſta univalvis, ſpiralis, conica.

NOUS ne connoiſſons autour de Paris que trois eſpeces de Buccins, qui toutes les trois ſont aquatiques, ne vivent que dans l'eau, & périſſent quelque tems après qu'on les en a tirées.

Les Animaux que renferment ces Coquilles reſſemblent beaucoup aux Limas; mais ils en different par des caracteres bien eſſentiels. Au lieu que les Limas ont quatre tentacules ou eſpeces de cornes à la tête, les Buccins n'en ont que deux, encore different-ils de ceux des Limaçons par leur forme : ils ne ſont point arrondis comme les leurs; au contraire, ils ſont larges & applatis preſque comme les oreilles des Quadrupedes. On diroit que cet Animal a deux petites oreilles à ſa tête. Une autre différence, c'eſt que les yeux du Buccin ne ſont point poſés à l'extrémité des cornes, comme dans les Limaçons; mais au bas vers leur baſe, & du côté intérieur de cette baſe. Si ce ſont, dans les uns & les autres, de véritables yeux, comme on peut le croire, le Limas dont les yeux ſont élevés ſur des eſpeces de colonnes, doit mieux voir que le Buccin, qui porte ſes yeux à la baſe de ſes tentacules, & qui les ayant placés à la partie intérieure, doit encore être gêné par cette poſition : ſes tentacules doivent ſouvent lui cacher la vue des objets.

Les Buccins ſont Hermaphrodites, comme les Limaçons ; mais leur accouplement ne s'exécute pas de même. Lorſqu'ils ne ſont que deux, l'accouplement n'eſt point double ; un ſeul fait l'office de mâle, & l'autre celui de fémelle ; ce qui vient de la position de leurs parties, qui rend le double accouplement impossible : mais s'il en survient un troisieme, alors il saisit celui des deux qui fait avec le premier l'office de mâle, s'accouple avec lui & fait le même office; ensorte que celui du milieu exerce l'action de mâle & de femelle; mais avec deux Buccins différens. Quelquefois on en voit dans les ruisseaux, des bandes considérables ainsi accouplées, dont tous font l'office de mâle & de fémelle avec deux de leurs voisins; tandis que les deux derniers, qui sont aux deux extrémités de ce chapelet, moins fortunés que les autres, n'agiſſent que comme mâle, ou comme femelle ſeulement.

Les Coquilles des Buccins, ſont toutes formées en ſpirales & allongées.

I. Buccinum, teſta oblonga, fuſca, anfractibus ſenis.

Linn. Faun. Suec. 1310. Cochlea, teſta producta, acuminata, opaca, anfractibus ſenis, ſubangulatis, apertura ovata.

Linn. Syſt. Nat. edit. 10, *I*, *p.* 774, *n.* 612. Helix, teſta imperforata, ovato-ſubulata, ſubangulata, apertura ovata. Vulgò *Stagnalis.*

Petiv. Muſ. tab. 82, *n.* 805. Buccinum,

num fluviatile nostras, oblongum, majus.

List. Angl. 137, *t.* 2, *f.* 21. Buccinum longum, sex spirarum, omnium & maximum & productius, subflavum, pellucidum, in tenue acumen ex amplissima basi mucronatum.

Idem, Hist. Conch. 2, *t.* 123, *f.* 2. Buccinum subflavum, pellucidum, sex orbium, clavicula admodum tenui, productiore.

Frisch. Ins. 8, *t.* 7.

Gualt. Test. tab. 5, *f.* 1.

Aldrov. Test. 3, *p.* 359, *n.* 3. Turbo levis, in stagnis degens.

Swammerd. Bibl. Nat. tab. 9, *f.* 4.

LE GRAND BUCCIN. Long. 14 lignes, largeur 5 lignes.

Cette Coquille, une des plus

grandes parmi les aquatiques des environs de Paris, eſt de couleur brune, ſouvent noirâtre; quelquefois claire, tranſparente & ambrée; mais toujours d'une ſeule couleur. Sa forme allongée lui a fait donner le nom de *Buccin*, parcequ'elle reſſemble aux Conques marines qui, ſuivant la Fable, ſervoient de trompettes aux Tritons. Elle décrit ſix tours de ſpirale, dont le premier, plus large que les autres, forme un ventre aſſez gros. Les autres vont en diminuant conſidérablement, & forment une pointe allongée & très aiguë. Toute la Coquille a des ſtries longitudinales peu ſenſibles, & de plus, chaque tour de ſpirale a ſouvent une raie longitudinale blanchâtre qui la traverſe de haut en bas, & qui ſemble faire la diviſion d'un tour à l'autre. Cette Coquille eſt très commune dans les ruiſſeaux & les étangs.

II. Buccinum, teſta oblonga, fuſca, anfractibus quinque.

Liſt. Angl. 139, *tab.* 2 *f.* 22. Buccinum minus, fuſcum, ſex ſpirarum, ore anguſtiore.

Petiv. Muſ. 82, *n.* 306. Buccinum fluviatile noſtras, oblongum, minus.

LE PETIT BUCCIN. Long. 3 $\frac{1}{4}$ lignes, largeur 1 $\frac{2}{3}$ lignes.

Cette eſpece approche beaucoup de la précédente ; mais outre qu'elle eſt quatre ou cinq fois plus petite, elle a encore pluſieurs différences ſenſibles. 1°. Elle n'a conſtamment que cinq tours de ſpirale, au lieu de ſix que marque Liſter ; ce qui a pu induire en erreur M. Linnæus, qui l'a confondue avec la précédente. 2°. Sa Coquille eſt moins fragile & moins mince que celle du grand Buccin. 3°. Elle eſt moins allongée, à proportion, & ſa pointe eſt moins aiguë ; au contraire, le bas eſt moins large, & ſa bouche par conſéquent moins grande que dans la précédente. Ces différences ſuffiſent pour prouver que ce Buccin n'eſt pas le même que le *Grand*. On le trouve communément dans les ruiſſeaux & les étangs.

III. Buccinum, teſta diaphana, mucrone acuto breviſſimo, apertura ampliſſima, anfractibus quatuor.

Linn. Faun. Suec. 1315. Cochlea, teſta diaphana, anfractibus quatuor, mucrone acuto breviſſimo, apertura acutiſſima.

Linn. Syst. Nat. edit. 10, *I*, *p.* 774, *n.* 617. Helix, testa imperforata, ovata, obtusa, spira acuta brevissima, apertura ampliata. Vulgò *Auricularia.*

List. Angl. 139, *t.* 2, *f.* 23. Buccinum pellucidum, flavum, quatuor spirarum, mucrone amplissimo, testæ apertura omnium maxima.

Idem, *Hist. Conch.* 2, *t.* 123, *f.* 32. Buccinum subflavum, pellucidum, quatuor orbium, ore amplissimo, mucrone acuto.

Idem, *Exercit.* 2, *p.* 54. Buccinum fluviatile, pellucidum, subflavum, quatuor spirarum, mucrone acuto, testæ apertura patentissima.

Petiv. Mus. 83, *n.* 807. Buccinum fluviatile nostras, breve, ore patulo.

Argenv. Conch. part. I, tab. 27, n. 7, fig. 4.

Idem, part. II, t. 8, f. 6.

Klein, Ostr. 54, t. 3, f. 69.

LE RADIX, OU BUCCIN VENTRU. Longueur 8, 9 lignes, largeur 7 lignes.

Cette Coquille eſt tranſparente & aſſez fragile. Elle décrit quatre tours de ſpirale, dont le dernier, ou celui d'en bas, eſt prodigieuſement gros & large, & forme comme un ventre ; ce qui rend l'ouverture de la Coquille très grande : les trois autres ſont très petits, & font une petite pointe aiguë, qui paroît comme entée ſur ce gros ventre.

Les levres de l'ouverture ſont un peu réfléchies en dehors. C'eſt dans l'eau qu'on trouve ce Buccin avec les précédens; il eſt un peu moins commun.

LE PLANORBE.	PLANORBIS.
2 Tentacules filiformes.	Tentacula 2 filiformia.
Yeux placés à la base des tentacules du côté intérieur.	Oculi ad basim interne.
Coquille univalve en spirale & ordinairement applatie.	Testa univalvis, spiralis, plærumque depressa.
Famille premiere, à Coquille applatie.	*Familia prima*, Testa plana depressa.
—*Seconde*, à Coquille allongée.	—*Secunda*, Testa oblonga.
—*Troisieme*, à Coquille ovoïde.	—*Tertia*, Testa globosa.

LES Planorbes, que quelques uns nomment Cornets de Saint Hubert, sont des Coquilles composées de plusieurs spirales, ordinairement applaties, comme les Cornes d'Ammon. Le carac-

D v

tere de ce genre eſt aiſé à ſaiſir. Ces animaux n'ont que deux tentacules, comme les Buccins, & leurs yeux ſont placés à la baſe de ces tentacules, du côté intérieur, comme dans ces Animaux; mais les Planorbes different des Buccins par un autre caractere; c'eſt la forme des tentacules. Ceux des Buccins, ainſi que nous l'avons dit, ſont larges & applatis, comme des oreilles; au lieu que ceux de ce genre ſont minces, arrondis & filiformes. C'eſt par ce dernier caractere qu'on diſtingue ces deux genres. La forme de la Coquille peut auſſi y entrer pour quelque choſe.

En général elles ſont ordinairement applaties ; & ce ſont celles qui compoſent la premiere famille. Cependant cette forme de Coquille n'eſt pas tellement eſſentielle aux Animaux de ce genre, qu'il n'y en ait de figure très différente. Nous en connoiſſons deux, dont l'un a une Coquille de figure allongée en forme de vis, & dont nous avons fait la ſeconde famille ; & l'autre, en porte une globuleuſe & arrondie comme un œuf ; c'eſt celui de la troiſieme famille. Ces deux Animaux, malgré la différence de leurs Coquilles, ſe rapportent à ce genre; ils en ont les caracteres.

Tous les Planorbes sont aquatiques, & ne vivent que dans l'eau. Ces Animaux sont Hermaphrodites, & leur accouplement est parfaitement semblable à celui des Buccins; ainsi nous ne répeterons pas ce que nous avons dit ci-dessus à ce sujet. On peut consulter l'article des Buccins.

---

§. I.

LA COQUILLE APPLATIE.

I. Planorbis, testa plana, pulla,

ſupra umbilicata, anfractibus quatuor teretibus.

Linn. Faun. Suec. 1304. Cochlea, teſta plana, pulla, ſupra umbilicata, anfractibus quatuor teretibus.

Linn. Syſt. Nat. edit. 10, *I*, *p.* 770, *n.* 587. Helix, teſta ſupra umbilicata, plana, nigricans, anfractibus quatuor teretibus. Vulgo *Cornea*.

Liſt. Angl. 143, *t.* 2, *f.* 26. Cochlea, pulla, ex utraque parte circa umbilicum cava.

Idem, Exercit. 2, *p.* 59. Purpura ſeu cochlea fluviatilis, major, compreſſa.

Gualt. Teſt. t. 4, *f. DD.*

Argenville, Conch. part. II, *t.* 8, *f.* 7.

Le Grand Planorbe à ſpirales rondes. Diametre 8 lignes.

Cette Coquille décrit quatre tours de volute, qui ne s'élevent point en ſpirale, comme les autres genres de Coquilles; mais qui tournent autour d'eux-mêmes, & s'enveloppent comme la plupart des eſpeces de ce genre. Ces volutes ſont cylindriques; ce qui rend les bords de la Coquille ronds. Son têſt eſt de couleur obſcure, un peu tranſparent, légerement ſtrié, ſouvent couvert d'une eſpece de boue, un peu luiſant lorſqu'il eſt nétoyé. La Coquille eſt preſque plate en dessous, comme les Cornes d'Ammon; en dessus, elle est concave, & forme un ombilic très creux. On la trouve communément dans les petits ruisseaux & les étangs. L'Animal qu'elle renferme est d'une couleur fort noire, & si on ouvre son corps, il en sort une liqueur d'un rouge foncé.

II. Planorbis, testa plana, alba, utrinque concava, anfractibus quinque teretibus.

Linn. Faun. Suec. 1305. Cochlea, testa plana, alba, utrinque concava, anfractibus quinque teretibus.

Linn. Syst. Nat. edit. 10, *I*, *p.* 770,

n. 588. Helix, testa utrinque concava, plana, albida, anfractibus quinque teretibus. Vulgo *Spirorbis*

Act. Upf. 1736, *p.* 40, *n.* 2. Cochlea, testa depressa, utrinque subæquali, spira tereti.

LE PETIT PLANORBE, à cinq spirales rondes. Diametre 1 $\frac{1}{2}$ ligne.

La couleur de cette espece de Coquille est blanchâtre. Elle est plate, un peu concave tant en dessus qu'en dessous, & elle décrit cinq tours de spirale, qu'on apperçoit également des deux côtés. Ses spirales sont arrondies, ainsi que son ouverture. On la trouve dans les étangs.

III. Planorbis, teſta fuſca, ſupra plana, ſubtus concava, perforata, anfractibus ſex teretibus.

LE PETIT PLANORBE, à ſix ſpirales rondes. Diametre 1 $\frac{1}{4}$ ligne.

Cette petite eſpece eſt plate en deſſus, concave en deſſous, avec un ombilic enfoncé & perforé au milieu; de façon qu'on ne voit gueres que deux tours de ſpirale en deſſous, qui paroiſſent aſſez larges; mais en deſſus, on en compte ſix fort ſerrés. Ces ſpirales ſont arrondies comme celles des deux eſpeces précédentes, ſans arrête ni rebord,

& l'ouverture bien perpendiculaire forme une eſpece de lunule ou de croiſſant. Cette Coquille eſt de couleur brune : on la trouve dans l'eau avec les autres Planorbes ; mais elle eſt un peu rare.

IV. Planorbis, teſta plana, fuſca, ſupra concava, anfractibus quatuor, margine prominulo

Linn Faun. Suec. 1306. Cochlea, teſta plana, fuſcâ, ſupra concava, anfractibus quatuor, margine prominulo.

Linn. Syſt. Nat. edit. 10, *I*, *p.* 769, *n.* 578. Helix, teſta ſubcarinata, umbilicata, plana, ſupra concava, apertura oblique ovata, utrinque acuta. Vulgo *Planorbis.*

Lift. Angl. 145, *t.* 2, *f.* 27. Cochlea, fusca altera parte planior, & limbo insignita, quatuor spiratum.

Idem, Hist. Conch. II, t. 138, *f.* 42. Cochlea, fusca, limbo circumscripta.

Petiv. Gasop. 16, *t.* 10, *f.* 11. Planorbis minor fluviatilis, acie acuta.

Gualt. Test. t. 4, *f. EE.*

Klein, Ostr. t. 1, *f.* 8.

Le Planorbe, à quatre spirales à arrête. Diametre 6 lignes.

Cette Coquille est applatie & un peu renfoncée dans son milieu, tant en dessus qu'en dessous. Elle est noire lorsque l'Animal eſt vivant; mais lorſqu'il a été tiré de ſa Coquille elle eſt tranſparente, de couleur de corne, avec de petites ſtries qui traverſent les ſpirales obliquement. Les tours de ſpirale que décrit la Coquille ſont au nombre de quatre, & quelquefois de cinq, dont celui du milieu eſt très petit, & ſouvent incomplet. La ſpirale extérieure a dans ſon milieu une arrête ou bord aigu, qui regne tout autour de la Coquille. L'ouverture ou la bouche eſt ovale, un peu aiguë par les deux bouts, & regarde obliquement le deſſous, ayant ſon bord ſupérieur plus long que l'inférieur. On trouve cette Coquille dans les marais, les étangs & les rivieres.

V. Planorbis, teſta plana, fuſca, ſupra concava, anfractibus ſex, margine acuto.

Linn. Faun. Suec 1307. Cochlea, teſta fuſca, plana, ſupra concava, anfractibus quinque, margine acuto.

Linn. Syſt. Nat. edit. 10, *I*, *p.* 770, *n.* 583. Helix, teſta carinata, plana, ſupra concava, apertura ovali. Vulgo *Vortex.*

Liſt. Angl. 145, *t.* 2, *f.* 28. Cochlea exigua ſubfuſca, altera parte planior, ſine limbo, quinque ſpirarum.

Gualt. Teſt. t. 4, *f. GG.*

LE PLANORBE, à ſix ſpirales à arrête. Diametre 3 lignes.

Cette eſpece reſſemble beaucoup à la précédente pour la forme & pour la couleur; mais outre qu'elle eſt plus petite, elle eſt moins ſtriée, & a plus de tours de ſpirale : ordinairement ſix. De plus, l'arrête de la ſpirale extérieure eſt moins au milieu que dans l'eſpece ci-deſſus, & forme le bord inférieur ſur lequel la Coquille eſt appuyée. On trouve ce Planorbe avec les précédens.

VI. Planorbis, teſta plana, ſubtus concava, anfractibus tribus deorſum marginatis.

Linn. Faun. Suec. 1308. Cochlea, teſta plana, ſupra convexa, ſubtus concava, anfractibus quatuor deorſum marginatis.

LE PLANORBE, à trois ſpirales à arrête. Diametre 2 lignes.

Celle-ci eſt encore de la même forme & de la même couleur que les eſpeces précédentes; mais elle eſt plus petite, & ſes ſpirales au nombre de trois, ou trois & demi, ſont beaucoup plus groſſes. Le deſſus & le deſſous de la Coquille ſont un peu concaves. La derniere ſpirale, ou le bord extérieur a une arrête ſaillante & aiguë, placée tout-à-fait à la partie inférieure ; ce qui rend ce côté des ſpirales plat. On trouve cette Coquille avec les précédentes.

VII. Planorbis, teſta plana, ſubvilloſa, ſubtus concava, anfractibus tribus in medio marginatis.

LE PLANORBE VELOUTÉ. Diametre 2 lignes.

Ce petit Planorbe décrit trois tours de ſpirale. Il eſt plat en deſſus & concave en deſſous ; chargé de ſtries légeres, longitudinales & tranſverſes. Sa ſpirale extérieure a un rebord ou une arrête, mais placée dans ſon milieu,

lieu, & non au rebord, comme dans la précédente. Cette ſpirale extérieure eſt plus groſſe que les deux autres, qui ſont fort petites. L'ouverture eſt ovale & placée obliquement, regardant le côté inférieur. Mais une ſingularité de cette Coquille, c'eſt d'être un peu velue, & garnie d'un duvet de poils courts ; ce qui fait qu'elle n'eſt jamais polie ni brillante. Elle a été trouvée dans l'eau avec les précédentes.

VIII. Planorbis, teſta plana, ſubtus concava, anfractibus tribus, plicis tranſverſis fimbriatis.

Rosel. Inſ. tom. 3, tab. 97, fig. 6, 7.

LE PLANORBIS TUILÉ. Diamet. 2 ½ lig.

Sa Coquille eſt tranſparente, de couleur pâle, ſemblable à celle de la corne. Elle eſt plate en deſſus, concave en deſſous : elle décrit trois tours de ſpirale, dont l'extérieur eſt beaucoup plus grand que les autres, & a des ſtries tranſverſes élevées, repréſentant des eſpeces de feuillets allongés, plus longs vers le bord de la Coquille, & un peu couchés ; de façon qu'ils reſſemblent à des tuiles couchées les unes ſur les autres. Cette Coquille eſt rare ; on la trouve dans la petite riviere des Gobelins.

§. II.

LA COQUILLE ALLONGÉE.

IX. Planorbis, teſta nigricante, producta, oblonga, anfractibus ſeptem, quadratis marginatis.

Argenv. Conch. part. II, pl. 8, fig. 4.

LE PLANORBIS en vis. Long. 2 lignes, largeur $\frac{2}{3}$ lign.

Cette rare & ſinguliere eſpece eſt de couleur noire. Ses ſpirales poſées les unes au-deſſus des autres la font reſſembler à une vis. Ces ſpirales, au nombre de ſept, ſont quarrées, & ont à leurs bords tant ſupérieur qu'inférieur, des angles bien marqués. Le total de la Coquille paroît un peu irrégulier, quoique les ſpirales diminuent également; parceque quelques-unes, ſurtout les deux petites d'en-haut, ne ſont pas poſées abſolument d'aplomb ſur les autres. La Coquille eſt percée en deſſous d'un petit ombilic, & ſon ouverture eſt oblique, bordée d'un peu de blanc.

Ce Planorbis n'a été trouvé ici qu'une ſeule fois dans la riviere des Gobelins, par M. de Juſſieu, qui m'a permis d'en prendre la figure & la description ; & c'est d'après le dessein que j'en avois fait, que feu M. d'Argenville l'a fait graver dans son Ouvrage. La figure de l'Animal qu'il y a fait ajouter a été faite d'idée.

---

§. III.

A COQUILLE OVOIDE.

X. Planorbis, testa fragili, pellucida, globosa, anfractibus quatuor sinistrorsis.

List. Hist. Conch. t. 134. *f.* 34. Buccinum fluviatile, à dextra sinistrorsum tortile, triumque orbium, sive neritodes.

Lift. Angl. 142, *t.* 2, *f.* 25. Buccinum exiguum, trium ſpirarum à ſiniſtra in dextram convolutarum.

Adanſon, *Seneg. I*, *p.* 7. Bulin.

LA BULLE AQUATIQUE. Long. 2 lig. larg. 1 ½ ligne.

La forme de cette eſpece s'éloigne encore plus de la figure des autres Planorbis que la précédente : elle reſſemble à un œuf. Ses ſpirales ſont au nombre de quatre ; mais celle d'en bas, beaucoup plus groſſe, fait preſque à elle ſeule le corps de la Coquille. Les trois autres, poſées ſur cette premiere, ſont très petites. Le teſt de cette Coquille eſt mince

& transſparent, & paroît noirâtre quand l'animal eſt vivant, à cauſe de la couleur noire de ſon corps. Une autre ſingularité de cette Coquille, c'eſt qu'elle eſt du nombre des uniques, ou de celles dont les ſpirales ſont tournées dans un ſens contraire à celui des autres Coquilles, c'eſt-à-dire de droite à gauche. Lorſque l'Animal eſt vivant, en marchant il fait ſortir de ſa Coquille une membrane, ou pellicule dentelée par les bords, qui couvre les trois quarts de cette Coquille. Nous l'avons appellée *la Bulle*, à cauſe de ſa forme arrondie, & de ſa tranſparence qui la fait reſſembler à une bulle d'eau. Elle varie pour la grandeur : il y en a qui ſont plus groſſes que les autres preſque du double. On trouve cette *Bulle* très communément dans les ruiſſaux & les mares des environs de Paris.

LE NÉRITE. NERITA.

2 Tentacules.	Tentacula 2.
Yeux placés à la baſe des tentacules du côté extérieur.	Oculi ad baſim externe.
Opercule à la Coquille.	Operculum teſtæ.
Coquille univalve en ſpirale & preſque conique.	Teſta univalvis, ſpiralis, ſubconica.

LES Nérites ſont toutes aquatiques, à l'exception de la premiere eſpece, l'*Elégante ſtriée* qui eſt terreſtre. Ces Animaux ne ſont point hermaphrodites comme les Limas, les Buccins & les Planorbes, dont nous avons parlé juſqu'à préſent; ils ſont diſtingués par le ſexe: les uns ſont mâles, & les autres femelles. Leur caractere eſt d'avoir deux tentacules; en quoi ils different des Limas qui en ont quatre: & deux yeux à la baſe de ces tentacules, mais au côté extérieur; ce qui les diſtingue des Buccins & des Planorbes qui les ont au côté intérieur. Un autre caractere bien eſſentiel de ce genre, c'eſt d'avoir un opercule, ou petite lame de la nature du teſt, ſur laquelle on diſtingue les empreintes d'eſpeces de ſpirales, & qui ſert à fermer exactement la Coquille. Ce caractere ſemble rapprocher ce genre de Coquilles Univalves des Bivalves, comme l'a très bien remarqué M. Adanſon. Quoique cet opercule ſoit retiré, & ferme la Coquille, la partie du mâle paroît toujours un peu près du col à l'extérieur ; excepté cependant dans la Vivipare, où cette partie ſe cache & s'enfonce dans un des tentacules ; en ſorte que les mâles de cette eſpece, ont une de ces cornes plus groſſe que l'autre ; ce qui les fait diſtinguer de leurs femelles à la premiere inſpection. Toutes ces Nérites ſont ovipares, & pondent des œufs, à l'exception de la ſeule eſpece que nous avons appellée la Vivipare, parcequ'elle fait des petits tout vivants, qui ſortent du corps de la mere, avec leurs petites Coquilles. On verra dans le détail des eſpeces ce que chacune d'elles a de plus remarquable, la belle panache du Porte-Plumet, & les jolies couleurs de la Nérite des Rivieres.

I. Nerita, teſta oblonga, cinerea, denſiſſime ſtriata, maculis rufeſcentibus, anfractibus quinque.

Liſt. Angl. p. 119, *tab.* 2, *f.* 5. Cochlea cinerea, interdum leviter rufeſcens, ſtriata, operculo teſtaceo cochleato donata.

Colum. Purpur. cap. 9, *p.* 18. Cochlea terreſtris, turbinata & ſtriata.

Argenvil. Conchyl. part. I, t. 28, *f.* 12.

Idem, part. II, t. 9, *f.* 9.

L'ELÉGANTE STRIÉE. Long. 5 lignes, larg. 4 lignes.

Cette Coquille eſt allongée en pyramide, dont la baſe eſt large. Elle décrit cinq tours de ſpirale, dont les deux d'en haut ſont fort petits. On remarque qu'elle eſt couverte à l'extérieur de ſtries tranſverſes, fort ſerrées, entrecoupées de quelques autres longitudinales. Sa couleur eſt cendrée, variée de taches brunes, rougeâtres, oblongues, qui forment des raies tranſverſes; mais quand l'Animal eſt mort, & que la Coquille eſt reſtée vuide quelque tems ſur la terre, ces taches s'effacent, & elle paroît toute de couleur cendrée. Les ſtries ſont auſſi quelquefois plus ou moins marquées. L'ouverture de la Coquille eſt preſque ronde, ſans levres ni rebord, & l'opercule qui la ferme eſt en volute.

On trouve cette Coquille dans les bois humides; c'eſt la ſeule de ce genre, qui ne ſoit point aquatique. L'élégance de ſes ſtries lui a fait donner, d'après Liſter, le nom qu'elle porte.

II. Nérita, teſta oblonga, ſubviridesſcente, faſciis tribus lividis, anfractibus quinque.

Linn. Faun. Suec. 1312. Cochlea, testa oblongiuscula, obtusa, anfractibus teretibus, lineis tribus lividis.

Linn. Syst. Nat. edit. 10, *I*, *p.* 772. *n.* 603. Helix, testa imperforata, subovata, obtusa, cornea, cingulis fuscatis, apertura suborbiculari.

List. Angl. p. 133, *t.* 2, *f.* 17. Cochlea maxima fusca, seu nigricans, fasciata.

Idem, *Hist. Conch. II*, *t.* 126, *f.* 26. Cochlea vivipara, fasciata.

Idem, *Exercit. II*, *p.* 17, *t.* 2. Cochlea maxima viridescens, fasciata, vivipara.

Swammerd. Bib. Nat. t. 9, *f.* 3. Cochlea vivipara.

Petiv. Mus. 84, *n.* 814. Cochlea fluviatilis, vivipara, londinensis.

Gualt. Test. t. 5, *f.* 1.

Act. Upf. 1736, *p.* 40 *n.* 14. Cochlea, testa producto-convexa fluviatilis.

Argenv. Conchyl. II part. pl. 8, *f.* 2.

La Vivipare, à bandes. Long. 8 lig. largeur 7 lignes.

La forme de cette Coquille est semblable à celle de la précédente, à la grandeur près; car elle est beaucoup plus grande: de plus, elle n'a que quelques stries longitudinales, peu apparentes, & du reste, elle est assez lisse. Sa couleur est pâle un peu verdâtre; quelquefois brune, avec trois bandes d'un brun obcur, paralleles l'une à l'autre, qui suivent la direction des spirales. Quand l'animal est vivant, la Coquille est plus brune, & les bandes paroissent moins que quand la Coquille est vuide. Son ouverture est ronde, sans rebord ni levrès, & elle est fermée par un opercule à volutes, comme dans l'espece précédente.

Cette Coquille est vivipare, au lieu que les autres de ce genre sont ovipares; & c'est de la que lui a été donné le nom qu'elle porte. On la trouve dans les étangs & les rivieres; il y en a beaucoup dans la Seine.

III. Nerita, testa oblonga, pellucida, cornea, anfractibus quinque.

Linn. Faun. Suec. 1313. Cochlea, testa oblonga, obtusa, anfractibus quatuor, laxis, cinereis, opacis, apertura subovata.

Linn. Syst. Nat. edit. 10, *I*, *p.* 774, *n.* 616. Helix, testa imperforata, ovata, obtusa, impura, apertura subovata. Vulgo *Tentaculata.*

List. Angl. 135, *tab.* 2, *f.* 19. Cochlea parva subflava, intra quinque spiras finita.

Act. Upf. 1736, *p.* 41, *n.* 16. Cochlea palustris, testæ hiatu rotundo, contracto, spiris laxis.

La petite Operculée aquatique. Long. 3 ½ lig. larg. 2 ½ lig.

On retrouve encore dans cette

Coquille la même forme que dans les deux précédentes. Son test est fragile, jaunâtre, transparent, semblable à de la corne, assez lisse & sans stries. Souvent elle est couverte de limon qui la rend raboteuse, & de couleur cendrée. Elle a cinq tours de spirale, comme les précédentes, & son ouverture presque ronde est fermée par un opercule semblable aux leurs. On la trouve dans les rivieres & les eaux dormantes.

IV. Nerita, testa ovata, livida pellucida, subtus perforata anfractibus tribus.

LE PORTE-PLUMET. Longueur 1 lig. larg. 1 ½ ligne.

Je ne trouve décrite nulle part cette eſpece, l'une des plus ſingulieres & des plus jolies de ce genre, & même de toutes celles que nous avons dans ce Pays-ci. Sa Coquille eſt peu élevée, fort large, de couleur obſcure & tranſparente. Elle ne décrit que trois tours de ſpirale, & en deſſous elle eſt perforée dans ſon milieu par un petit trou. Son ouverture eſt large pour ſa grandeur, & elle eſt fermée d'un opercule à volutes. Le teſt de la Coquille n'a rien, comme on le voit, de bien ſingulier. Mais ſi on obſerve l'Animal vivant, & qu'on le voie ſe promener dans un bocal plein d'eau ; on apperçoit outre les deux tentacules de la tête, qui lui ſont communs avec les Animaux de ce genre, & avec pluſieurs autres, un troiſieme tentacule latéral, qui ne part point de la tête, comme les précédens, mais de côté, & qui eſt beaucoup plus long & plus fin. L'Animal le porte en l'air & le remue. De plus, il a ſur le côté droit de la tête un grand panache, ou eſpece de Plumet, plus long que ſes tentacules, qui a des deux côtés des barbes ondées. (*Criſta pennata pennis undulatis.*) Ce ſont les branchies de cet Animal, qui lui ſervent au même uſage que celles des poiſſons ; je veux dire à reſpirer. Rien n'eſt plus joli que ce panache qui s'étend & ſe reſſerre, & que cette Coquille porte comme un bouquet, ſur le côté de la tête. C'eſt à cauſe de ce beau panache, que nous l'avons nommée *Porte-Plumet.* On la trouve dans les eaux des étangs, & des petites rivieres. Elle eſt commune dans la riviere des Gobelins.

V. Nerita, teſta lata, compacta,

ſcabra, e cœruleo vireſcente, apertura ſemi-ovata, anfractibus duobus.

Linn. Faun. Suec. 1318. Cochlea, nerita fluviatilis dicta.

Linn. Syſt. Nat. edit. 10, *I*, *p.* 777, *n.* 632. Nerita, teſta rugoſa, labiis edentulis. Vulgo *Fluviatilis.*

Liſt. Angl. 136, *t.* 2, *f.* 20. Nerita fluviatilis è cæruleo vireſcens, maculatus, operculo ſubrufo, lunato & aculeato donatus.

Idem, *Hiſt. Conch, II*, *p.* 1, *f.* 38. Nomen idem.

Petiv. Muſ. 67, *p.* 718. Nerita thamenſis, exiguus, reticulate variegatus.

Argenv. Conchyl. I, *t.* 27, *f.* 3.

Idem, *II*, *t.* 8, *f.* 3.

LA NÉRITE DES RIVIERES. Hauteur 2 lign. larg. 5 lign.

Presque tout le monde connoît cette Coquille, que l'on trouve très communément dans le sable des Jardins, avec lequel elle a été apportée de la riviere. Sa forme est très large & peu élevée. Elle ne décrit que deux tours de spirale; l'un fort large & l'autre très petit, formant un petit œil. Son ouverture est en demi-cercle, fermée par un opercule de même forme. Le test de la Coquille est épais, & lorsqu'on le prend dans l'eau, avec l'Animal vivant, il est de couleur

couleur bleue noirâtre foncée, quelquefois verdâtre; ſon deſſus eſt raboteux : mais quand cette Coquille a été roulée dans le ſable, telle qu'on la trouve dans les Jardins, elle a perdu une partie de ſa couleur, & il ne reſte qu'un joli reſeau, tantôt brun, tantôt rouge, quelquefois gris-de-lin, ou d'autres nuances approchantes, ſur un fond blanc.

L'ANCILE. ANCYLUS.

L'Ancile.	Ancylus.
2 Tentacules.	Tentacula 2.
Yeux placés à la base des tentacules, du côté intérieur.	Oculi ad basim interne.
Coquille univalve, concave & unie.	Testa univalvis, concava, æqualis.

L'ANCILE a un caractere fort approchant de celui du Planorbe. Il n'a, pareillement, que deux tentacules, & ses yeux sont placés à leur base, du côté intérieur. Mais ce qui distingue ce genre de celui des Planorbes, & de tous les autres, c'est la forme de sa Coquille. Cette Coquille, faite comme un petit entonnoir plat & allongé, ou comme une petite nacelle, n'a aucunes ſpirales ; elle eſt concave d'un côté, convexe en deſſus, & c'eſt ſous cette concavité qu'eſt renfermé l'Animal, défendu par ſa Coquille, qu'il tient ordinairement appliquée contre les tiges des joncs. La pointe qui forme le ſommet de la Coquille en deſſus eſt un peu recourbée de côté, & elle n'occupe pas préciſément le milieu de la Coquille. On trouve dans la Mer beaucoup de Coquilles de cette forme, connues ſous le nom de *Patelles*, ou ſous celui de *Lepas*. Mais comme leurs Animaux different un peu du nôtre par quelques caracteres, nous avons cru devoir donner à celui-ci un nom différent, & nous l'avons appellé *Ancylus*, du mot Grec, Ἀγκύλος, qui ſignifie convexe, à cauſe de la forme de ſa Coquille. Nous ne connoiſſons ici qu'une ſeule eſpece de ce genre.

I. Ancylus.

Linn. Faun. Suec. 1293. Patella, teſta membranea, ovali, mucrone reflexo.

Linn. Syſt. Nat. edit. 10, *I*, *pag.* 783. *n.* 672. Patella, teſta integerrima, ovali, membranea, vertice mucronato reflexo. Vulgò *Lacuſtris.*

Liſt. Angl. 151, *t.* 2, *f.* 32. Patella

fluviatilis, fuſca, vertice mucronato inflexo.

Gualt. Teſt. t. 4, f. A A.

Argenv. Conchyl. II, t. 8, f. 1, p. I, t. 27, f. 1.

L'Ancile. Longeur 1 $\frac{1}{2}$ ligne.

L'Ancile eſt très petit comme on le voit par les dimenſions que nous en donnons. Sa Coquille eſt mince, tranſparente & très fragile. Sa pointe en deſſus eſt aiguë & un peu recourbée. Ce petit Animal ſe trouve dans les rivieres, attaché aux tiges de jonc; & c'eſt ainſi que l'a fait repréſenter M. d'Argenville, à la planche 27, de la premiere partie de ſa Conchyliologie, f. 1, quatrieme Lepas de cette figure.

SECTION SECONDE.

COQUILLES BIVALVES.

Les Coquilles Bivalves sont composées de deux battants, assez semblables, entre lesquels est renfermé l'Animal, & qui s'ouvrent & se referment par le moyen d'une espece de charniere. Comme ces Coquilles s'ouvrent peu, & que l'Animal y est adhérent & n'en peut sortir, il n'est pas aussi aisé de déterminer le caractere de ces Animaux, que celui de ceux des Coquilles univalves. Cependant on apperçoit quelques unes de leurs parties, qu'ils font sortir hors de leurs Coquilles, lorsqu'on les examine dans l'eau. La plûpart ont des ouvertures, ou especes de siphons, tantôt courts, tantôt plus allongés, quelquefois frangés, d'autres fois nuds, qu'ils font paroître, par le moyen desquels ils aspirent l'eau, & avec elle différents corps qui leur servent de nourriture, rejettant ensuite cette eau ou par le même siphon ou par l'autre. Outre ces siphons, on voit encore sortir de la Coquille, quelquefois à la partie opposée, une autre partie solide, plus ou moins allongée, qui paroît lui servir de pied, & qui en a reçu le nom de la plupart des Naturalistes. Ce pied sert à la Coquille pour se mouvoir & changer un peu de place: je dis un peu; car en général ces Animaux ne font pas beaucoup de chemin; il y en a même qui restent toute leur vie attachés au même rocher; telles sont les huitres. C'est d'après la forme des siphons dont nous venons de parler, que nous avons tiré le caractere des Animaux qui habitent les Coquilles bivalves. Les Coquilles elles-mêmes nous ont fourni un autre caractere.

Ces Coquilles, comme nous l'avons dit, sont réunies par une espece de charniere, qui varie pour la forme : tantôt elle est unie & attachée seulement par une membrane assez forte, tantôt elle est garnie de dents en plus ou moins grande quantité, qui s'emboitent les unes dans les autres. Enfin un dernier caractere, se prend de la forme même de la Coquille.

Les Animaux qui habitent ces Coquilles sont hermaphrodites; ils réunissent les deux sexes: mais, bien différens des Limas & des Buccins qui sont pareillement hermaphrodites, on n'apperçoit en les examinant, aucunes parties du ſexe, ſoit mâles, ſoit femelles. Ils engendrent ſeuls ſans accouplement marqué. Cette eſpece de production étoit néceſſaire pour des Animaux dont pluſieurs ſont immobiles & conſtamment attachés au même endroit. S'ils euſſent été diſtingués de ſexe, ou s'ils euſſent eu beſoin d'un double accouplement, comme le pratiquent les Limas, quoiqu'hermaphrodites, leur reproduction ſeroit devenue impraticable.

Parmi ces Animaux les uns ſont ovipares, les autres au contraire ſont vivipares, & produiſent des petits tout vivants, qui naiſſent avec leurs petites Coquilles. Nous avons des exemples de ces deux eſpeces de générations dans le peu de Coquilles bivalves qui ſe trouvent aux environs de Paris. Ces Coquilles ſe réduiſent à deux ſeuls genres, la Came & la Moule, que nous allons examiner, & qui ſont aquatiques, ainſi que toutes les bivalves.

LA CAME.	CHAMA.
*2 Siphons, ſimples & allongés.	Siphones 2, ſimplices elongati.
Charniere de la Coquille dentelée.	Cardo teſtæ dentatus.
Coquille arrondie.	Teſta rotundata.

I. Chama, globoſa glabra, cornei coloris, ſulco tranſverſo.

Linn. Faun. Suec. n. 1336. Concha. *Nomen idem.*

Linn. Syſt. Nat. edit. 10, *I*, *p.* 678, *n.* 57. Tellina. *Nomen idem.*

Liſt. Angl. 150, *tab.* 2, *f.* 31. Muſculus exiguus, piſi magnitudine, rotundus, ſubflavus, ipſis valvarum oris albidis.

Argenv. Conch. I, *tab.* 27, *f.* 9, *n.* 4.

Idem, *Conchyl. II*, *t.* 8, *f.* 10.

LA CAME DES RUISSEAUX. Largeur 5, 7, 8 lignes.

Cette petite Came varie beaucoup pour la grandeur, comme on le voit par les dimenſions que nous en avons données. Elle eſt liſſe en dehors, & ſa couleur eſt pâle, un peu jaunâtre, preſque comme celle de la corne. Si on prend ce Coquillage vivant, & qu'on le mette dans un bocal plein d'eau, il fait bientôt ſortir d'un côté de ſa Coquille un pied un peu allongé, & de l'autre, deux ſiphons dont les bords ſont unis, & dont les cavités ſe réuniſſent enſemble.

C'eſt par ces Siphons qu'on lui voit aſpirer & rejetter l'eau, avec laquelle il attire quelques brins de mouſſes, ou de petites plantes aquatiques qui lui ſervent de nourriture. Mais une autre particularité, c'eſt que ſouvent dans ce même bocal, on le voit accoucher d'autres petits Coquillages vivants. Ainſi cette Came eſt vivipare. Si on ſépare les deux battants de la Coquille, on apperçoit à leur charniere deux petites dents. Les deux battans de la Coquille ſont égaux, élevés, renflés & arrondis. On trouve très communément cet Animal dans la riviere des Gobelins, & dans les ruisseaux des environs de Paris.

LA MOULE. — MYTULUS.

La Moule.	Mytulus.
2 Siphons courts & frangés.	Siphones 2, fimbriati breves.
Charniere de la Coquille membraneuse & ſans dents.	Cardo teſtæ membranaceus, edentulus.
Coquille allongée.	Teſta elongata.

ON voit, par les caracteres que nous donnons de la Moule, qu'elle differe de la Came par trois endroits eſſentiels. Le premier eſt la forme de ſes Siphons, qui ſont frangés à leur extrémité, & fort courts; au lieu que ceux de la Came ſont longs & ſans aucune frange. Le ſecond eſt la ſtructure de ſa charniere qui n'a point de dents, mais une ſimple rainure longue, dans laquelle entre une eſpece de feuillet mince; mais au lieu de ces dents, cette charniere eſt affermie par une forte membrane, qui eſt à l'extérieur de la Coquille. Enfin, la forme de la Coquille, qui eſt allongée dans la Moule, eſt le dernier caractere qui la diſtingue de la Came, dont la Coquille eſt courte & arrondie. La Moule ſe ſert de ſes ſiphons de même que la Came; c'eſt-à-dire qu'elle aſpire l'eau par leur moyen, & la rejette enſuite, après en avoir tiré ſa nourriture. Cet animal eſt ovipare; au lieu que la Came eſt vivipare. Nous n'avons autour de

Paris, que les deux eſpeces ſuivantes.

I. Mytulus, teſta tenui, è fuſco virideſcente, umbone non prominulo.

Linn. Faun. Suec. n. 1332. Concha, teſta oblonga, ovata, longitudinaliter ſubrugoſa, poſtice compreſſo-prominula.

Linn. Syſt. Nat. edit. 10, *I*, *p.* 706, *n.* 219. Mytulus, teſta ovali, compreſſiuſcula, fragiliſſima, margine membranaceo, natibus decorticatis.

Liſt. Angl. p. 146, *t.* 2, *f.* 29. Muſculus latus, teſta admodum tenui, è fuſco virideſcens, interdum rufeſcens.

Argenville, Conch. I, tab. 27, f. 10; n. 5, 6, 7.

Idem, Conch. II, t. 8, f. 12.

LA GRANDE MOULE DES ETANGS. Long. $6\frac{1}{2}$ pouc. larg. $3\frac{1}{2}$ pouc.

Cette grande Moule eſt en dedans d'une très belle couleur nacrée, & on apperçoit quelquefois dans ſon intérieur quelques élévations, comme des perles. En dehors elle eſt d'un brun verdâtre, & lorſqu'on la regarde à travers le jour elle paroît tranſparente & mince. L'endroit de ſa charniere n'eſt nullement prominent, & ſe trouve plus près d'un des côtés, à peu près à un tiers du bord de la Coquille. Le dessus de cette Coquille a beaucoup de sillons, grands, transverses & concentriques à l'endroit de la charniere. On trouve cette Coquille dans les étangs. C'est sans contredit la plus grande de toutes celles de ce Pays-ci.

II. Mytulus, testa fusca, umbone prominente.

List. Ang. 149, *t.* 2, *f.* 30. Musculus angustior, ex flavo viridescens, validus, umbonibus acutis, valvarum cardinibus, velut pinnis donatis sinuosis.

Argenv. Conch. I, t. 27, f. 10, *n.* 4.

Idem, Conchyl. II, t. 8, f. 11.

LA MOULE DES RIVIERES. Longueur 1 $\frac{1}{2}$ pouce, largeur 10 lignes.

Cette Moule ressemble beaucoup à la précédente, à la grandeur près; cependant on y trouve plusieurs différences. Premierement la couleur de la Coquille en dehors est plus brune, tirant sur le verd brun, & quelquefois sur le noir. Secondement, l'endroit de la charniere est plus éminent & beaucoup plus aigu que dans la grande Moule. Enfin, le dessous de la charniere, à l'intérieur sous cette éminence, forme un enfoncement considérable, accompagné, à côté, d'une autre cavité moins grande. On trouve cette Coquille très communément dans les rivieres.

FIN.

www.ingramcontent.com/pod-product-compliance
Ingram Content Group UK Ltd.
Pitfield, Milton Keynes, MK11 3LW, UK
UKHW021058270726
13994UKWH00009B/438